仰望天空的少年，
天空不再遥远。

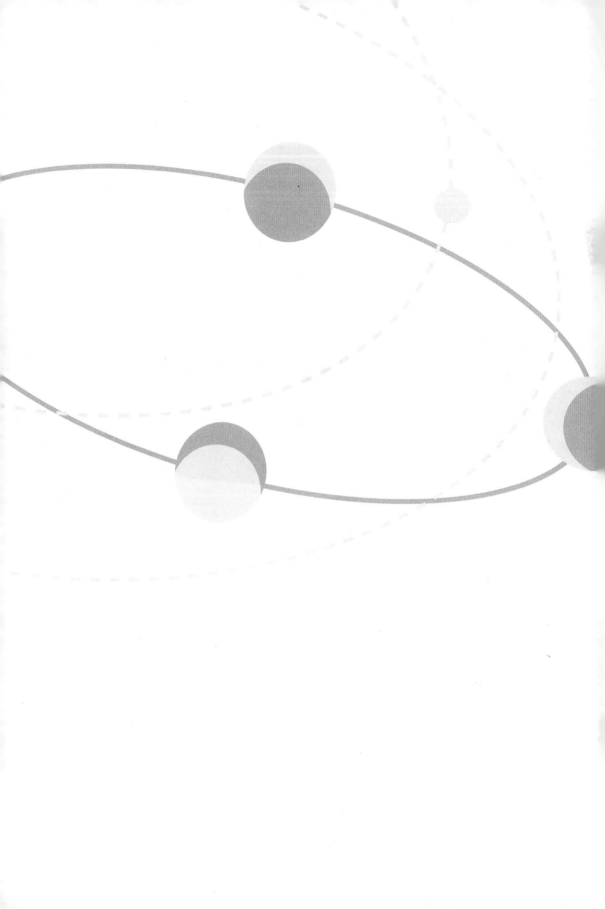

王燕平 张超 著　　陈日红 绘

仰望天空
的少年

去天文台看星星

北京科学技术出版社
100 层童书馆

序 从一次仰望开始

对于星空的记忆，人人皆有不同。若粗略进行划分，无外乎有两种。

第一种是成长于乡村的孩子，他们大多对家乡的星空有着深深的眷恋，即便后来游历四方，看过数不胜数的景致，依然认为儿时在家中院落所见，才是此生最美的星空。第二种是从小生活在城市里的孩子，儿时对星空没有太多概念，直到成长中一次偶然的相遇，看见超乎想象的满天繁星。

对前者来说，星空早已化为乡愁；对后者来说，星空则是偶然窥知新世界的满心欢喜。心境各异，殊途同归。从此，有事没事，都喜欢抬头仰望。我即是如此，从一次仰望开始，对天空的迷恋便一发而不可收。

如今，我家有一个少年。

一天傍晚，我们俩走在路上，望见西边天空渐渐涌起不少云，我临时兴起，决定和少年蹲守一场日落。我们骑车奔行二十多分钟，找到一处视野开阔的天桥。跑上天桥的那一刻，太阳将要没入远山。桥上聚集了三十多人，面朝西面偏北的方向，高举手机，齐刷刷地向着落日拍照，不时发出赞叹"哇！""太美了！""今天的晚霞能上热搜！"

落日附近，几分钟前还散发着锐利金光的云，此时变成了一片橙红的海洋。云层映着霞光，变幻着色彩，像谁打翻了天空的调色盘。随着时间的流逝，太阳在远山后落得越来越低。西北方，一大片云已经变成了深蓝色，只有紧贴山影处还残留着一道浅橙色。

拍照的人群散去，一位支着三脚架和相机的人还待在原地。两个中年人由桥上走过，其中一人瞥了眼三脚架上的相机，抬头望了望，嘀咕了一句"有什么好看的吗？"，便下桥离开了。

是啊，天空有什么好看的吗？我趁机问身旁的少年。

"晚霞很好看啊。看的时候，时间都变慢了呢。"他不假思索地说。我正打算借题发挥，他忽然兴奋地说："太阳落下时，一架飞机从那边飞了过去。你看没看见……"随即讲起他最近着迷的飞机，直到进家门时，他还意犹未尽。

我对看云的兴趣，是从什么时候开始的呢？

记得十岁左右时，我经常爬上自家平房的屋顶，看云彩在天空上演"动画片"。停电的夜晚，我会搬个小板凳，坐在院子里，看乌云从月亮前疾速地掠过。年少看云，只是因为好看好玩。但有一回却不同，那是1997年初夏的一天，半下午时，我无意间抬头望天，却发现头顶正上方，有一截色彩异常鲜艳的彩虹。那是什么？我既惊喜又诧异，为此疑惑了许久。

后来，我学了天文学专业，接触了一些气象学知识，才知道那是一道漂亮的环天顶弧，是太阳光照射到高空中无数微小的冰晶上形成的光学现象。年少时的疑惑终于找到了原理和出处。多年谜题揭晓的时刻，心里真是十分开心。

我自知对小冰晶毫不陌生，它们如果越长越大，落到地上，不就是雪嘛。但很快我的这一粗浅认知就被国外一位做引力波研究的教授打破了！我看到他借助显微镜拍摄的雪花照片，令人叹为观止，并且每一张都独一无二！从前书里读到过"世界上没有两片完全一样的雪花"，在那一刻，理解了它的真正含义。

天空就这样，带给我越来越多不期而遇的惊喜。我也逐渐了解到，壮观的天象和其中蕴含的奥秘，曾触发过许多伟大发现的故事。《去天文台看星星》中的法国天文学家查尔斯·梅西叶，因为 14 岁时看到一颗明亮的彗星，后来成了彗星猎人，并最终编制出著名的梅西叶星表；《去山野间看云》中的英国人约翰·康斯太勃尔，以描绘瞬息万变的天空和云彩，成为独树一帜的风景画家；《去北方看雪》中的威尔逊·本特利，十几岁萌发对雪花微观结构的兴趣，之后拍摄雪花显微照片数十年，被后世尊称为"雪花人"。

从偶然的相遇到长久的坚守，兴趣因何长久？好奇心、探索欲、艺术之美的感召、科学发现带来的挑战……每个人都会在其中找到自己的答案。

《仰望天空的少年》这套书是讲给少年的科普故事。三册书的主题分别为星空、云彩和雪花，我们与它们的相遇，就从一次仰望开始。阅读本书的少年，它们会在未来触发你怎样的故事呢？

目录

第一章

影月与寒星

行星，在群星间缓缓移动，却行踪不定。

1

大扫除

"给今天的大扫除收尾的活儿，就拜托你们几位了。我先去判卷子，一会儿回来。"班主任李老师说完，一溜烟儿地回了办公室。

这下，教室里只剩下几个五年级的大个子男生站在那里发呆。今天大扫除的任务比较艰巨，要把一楼教室的玻璃都擦干净。这几个男生是学校篮球队的队员，本以为去参加训练就正好逃过了大扫除，没想到该干的活儿一项也没少。

擦玻璃不在话下，不到一个小时，玻璃就擦完了。此时，天色暗了下来。寒星正美滋滋地看着自己擦得干干净净的窗玻璃，忽然发现淡黄色的天边有个浅色的东西。他定睛一看，居然是一轮细细弯弯的月亮。

　　嘿！月亮居然真有这么细、这么弯的时候，似乎比一些书中画的细弯程度还要夸张。

　　寒星赶紧招呼伙伴们过来看，不过让他哭笑不得的是，那些男孩似乎眼神不好使，看了好一会儿才找到天边的那轮细月。然后他们便惊呼起来，还有人嚷嚷着说是不是 UFO！似乎他们从来也没好好看过天上的月亮。

回家路上，寒星将车子蹬得飞快，心里琢磨着快点儿回去，好让他妹妹也来看看这细细的月亮。

因为妹妹的名字中也有一个月字——她叫影月。可到了家门口，寒星就泄气了——刚才那轮细细的月亮不见了。西边的天空只剩下一颗明亮的星星。

"你是说你看到细细的月亮了？"寒星的爸爸一脸惊讶地问。

"是呀。可是同学们看了半天都找不到。"寒星的语气中满是骄傲。

"真厉害！你看到了初二的月亮，这可不容易呢。"爸爸大笑起来。

"初二的月亮？"寒星一脸疑惑。

"初二嘛，就是农历初二，农历是我们国家的传统历法，和月相有紧密的联系，初二的月相是很细的月牙。因为它和太阳很近，太阳落下后月牙就在天边，天空较亮，月牙又细，所以很不容易找到呢。"

"初二的月亮？我也要看！"影月冷不丁加入进来说。

"明天我带你去看。"寒星安慰妹妹。

"不过到了明天，月亮的形状和位置就变化了。"一旁的妈妈说。

"那我今天还能看到什么呀？"影月有点儿失望。

"对了，外面有一颗好亮的星星！要不要去看？"寒星赶紧说。

"好耶！"影月立刻蹦了起来。

一家人来到楼下，刚才那颗明亮的星星已经很低了。

"星星和月亮、太阳一样，都是东升西落。"爸爸说。

"那是什么星呀？"影月问。

"是金星！"寒星抢着回答，"金星是一颗行星，而且是太阳系里距离太阳第二近的行星。"

"那……什么是行星呀？"影月听到哥哥这么说，忍不住好奇。

"行星是绕着太阳转的，还有……"寒星虽然比影月大三岁，也看了不少天文书，但说到概念的解释，还是有些说不清。

"明天我们再来看，到时候你们就知道什么是行星了。"妈妈忙打了个圆场说。

寒星吐了吐舌头，跑回了屋。

2

会动的星星

第二天，寒星放学赶回家，他坐在窗前往西边看，果然，月牙又出现在那里，但明显比昨天高了许多，也没有昨天那么细了，更容易看见。而昨晚那颗明亮的金星，距离月亮并不远，只是昨天匆匆忙忙的，没有在暮色中找到它。不过金星的位置也发生了一些变化，比昨天似乎高了一点儿。

等妹妹从绘画课回来，寒星就拉着她看那个月牙和星星。他告诉爸爸他的发现："月亮的形状和位置都发生了变化，而金星的位置也变得更高了。"

"这就是行星呀，行走的星星就是行星。"爸爸说。

"可是星星、月亮不是和太阳一样，都是东升西落吗？"寒星有些不解。

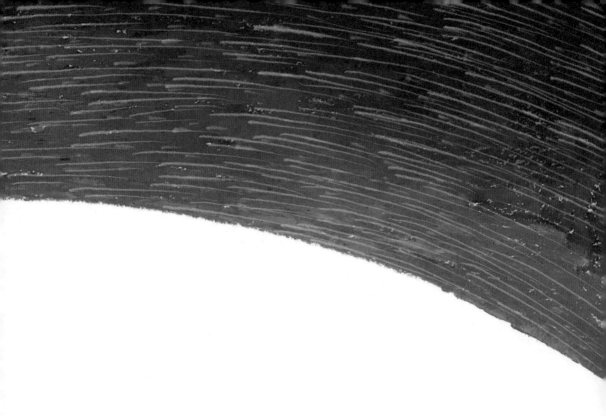

"没错，所有的天体看上去都在天上移动，这是因为地球在自转。如果地球不自转了，这些星星也就不动了。但是，此时你会发现，天上还是有一些星星在移动，它们在群星的背景中慢慢穿过，这才是行星。"爸爸给了一串长长的解释。

"就是说，别的星星都成了背景，只有行星在其中穿行？"寒星问。

"没错。而且它们穿行的方向，是自西向东的。"爸爸接着说。

"晕啦晕啦，星星和太阳、月亮一起，每天东升西落，但行星自西向东？"影月敲着自己的脑袋说道。

"我就说她才二年级，还理解不了天文呢。"妈妈责怪爸爸道。

"理解不了没关系，你们只要把夜空想象成一个球，把天上的星星想象成钉在球上的宝石，那么谁在宝石中悄悄走，谁就是行星啦！"爸爸说。

"那……金星是行星吗？"影月问。

"当然。水金地火，木土天海，都是行星。"寒星说。

"咦？你们现在都这么背啦？我们当年上学的时候，背的是'水金地火小行星，木星土星天海冥'，可惜后来冥王星从行星名单里被除名了。"爸爸有些感慨。

"为什么被除名了呢？"影月好奇不已。

"这是一个很长的故事哦。"妈妈说着拉起影月，叫上寒星，一起回了屋。只有爸爸一个人面向天上明灯般的金星，若有所思。

失落的冥王星

行星，在群星间缓缓移动，却行踪不定。

中国古人为肉眼可见的几颗行星赋予了浪漫的名字：辰星、太白、荧惑、岁星、镇星，也就是如今的水星、金星、火星、木星、土星。由于金星可能在早晨时出现在东方，或者在傍晚时出现在西方，所以又得了两个名字：启明和长庚。木星运行周期接近十二年，按照它的位置，就有了以十二为周期的纪年法。而火星为什么叫荧惑，就更加玄妙了。"荧"是指它散发着幽幽的红光，"惑"则是指它运行的轨迹有些诡异。

其实这种诡异的轨迹，也被西方古人发现了。为了解释行星轨道的问题，历史上出现了"托勒密地心说"和"哥白尼日心说"的争论，最后一步步演化为四百年来人类对宇宙的全新认知。19世纪，天王星和海王星这两颗遥远的巨行星被发现，其中海王星还被称为"笔尖上发现的行星"。当年，天文学家们先利用天体力学计算出行星的轨道和应该在的位置，然后才利用望远镜看到了它。

20世纪初，冥王星也被发现了，但与天王星和海王星不同，冥王星只是一颗小型的岩石质地的天体。从20世纪末到21世纪初，类似冥王星轨道和质地的天体相继被发现，于是在当时就有人发出了"冥王星是否为一颗行星"的质疑。

从形态上看，冥王星呈球形，它与位于木星和火星之间的绝大多数小行星不同。绝大多数小行星呈现的是不规则形状，只有谷神星这类大型小行星才呈现的是规则球形，以此看来，冥王星类似一颗行星。但冥王星没有其他行星的地位，因为它周围还有很多类似的天体存在，这意味着在太阳系形成时，那里并未聚集形成一颗大型星球，取而代之的是一些小型的球状天体。为了解决这个问题，天文学家们定义了一种新的天体：矮行星。判断行星和矮行星的标准是轨道周围是否干净。

于是，太阳系拥有了八颗行星，它们分别是：

水星： 岩石质地，温差大，形似月球。

金星： 岩石质地，拥有浓厚的大气层，温度高，逆向自转。

地球： 岩石质地，拥有大气层和丰富的水，有月球相伴。

火星： 岩石质地，拥有大气层和少量水，有两颗小卫星。

木星： 气态行星，风暴非常多，拥有光环和众多卫星。

土星： 气态行星，拥有巨大光环和众多卫星。

天王星： 气态行星，淡蓝色，自转方向奇特。

海王星： 气态行星，蓝色，风速极快。

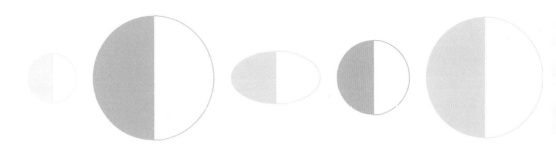

在太阳系中，还有五颗已经被官方确认的矮行星，它们是：

谷神星：位于小行星主带。

冥王星：位于柯伊伯带。

阋神星：位于柯伊伯带。

妊神星：位于柯伊伯带。

鸟神星：位于柯伊伯带。

只可惜，我们平时很难对矮行星进行观测。而对于行星而言，利用肉眼或者利用望远镜就有机会看到了。

那么，在望远镜中，这些行星长什么样子呢？

4

望远镜

在学校的同班同学中，寒星有一个好朋友王东，他和寒星兴趣相投，也是一个小天文爱好者。寒星的爸爸是大学天文系的老师，妈妈在科技馆工作，寒星从小耳濡目染，也对天文有一些了解。王东的父母都在银行工作，但他们很支持王东对天文的爱好和兴趣，他们还给王东买了一台天文望远镜！自从那天看了金星和月牙后，寒星就想蹭一蹭王东的高级设备，想通过望远镜看看行星究竟长什么样。

然而，结果却让他大失所望，王东的那台看起来非常拉风的天文望远镜竟然外强中干。当他们费了半个多小时找到木星时，却只看到了黄豆粒般的一个小圆点，旁边有四个小亮点。那个"黄豆粒"就是木星，上面隐约有条纹，而四个小亮点，就是木星的四颗伽利略卫星——四百多年前，天文学家伽利略用望远镜观察木星的时候，

发现了这四个围绕木星旋转的天体。

是不是望远镜出了什么问题？

王东坚决否认。其实自从这台望远镜买回来后，王东都没能用它成功观察过星星，大多时候，它只是被当成摆设。那么，问题究竟出在哪里呢？

当晚回到家，寒星向爸爸说出了自己的疑惑。爸爸大笑着说："我小时候也是这样呢，第一次用望远镜看木星，特别失望，什么都没看到。"

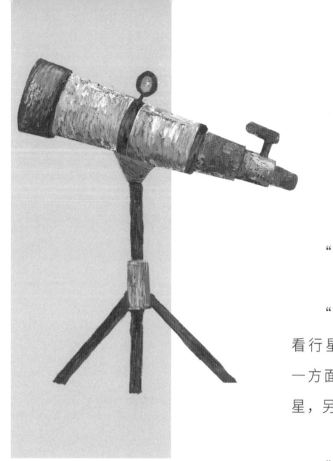

"那后来呢？"

"后来我才知道，用望远镜看行星没那么简单。效果如何，一方面看望远镜是否适合观看行星，另一方面还有运气的成分。"

"可是，王东家的望远镜很高级呀！"

"我问问你，他家的望远镜是什么样子的呢？"

"镜筒细细长长的，特别拉风。"寒星一脸羡慕。

"哈哈，就是这个拉风的样子出了问题。"爸爸笑了，"一个望远镜看天体是否清晰，主要不是看它的镜筒有多长，或者放大倍率有多大，而是要看它的口径。大口径的望远镜不仅能够接收更多的光线，看到的天体更明亮，还能看到更清晰的细节。"

"为什么大口径能看得更明亮呢？"寒星问。

"这就好像用盆接雨水，一个大盆，一个小盆，在同样的时间里，哪一个接的雨水多呢？"

"当然是大盆喽！"

"望远镜也一样。望远镜的首要任务是收集来自遥远天体的暗弱光线，口径越大，当然就能看到更远更暗的天体啦！伽利略用小口径望远镜只能发现木星的卫星，等到赫歇尔就可以用更大口径的望远镜发现天王星，并且发现很多银河系外的星系了。哈勃之所以能对那么多遥远星系进行研究，也是因为他在那个年代使用的望远镜已经超过了 2 米口径。而现在地面上的大型天文望远镜，最大口径的都在 10 米以上了。"说起望远镜，爸爸滔滔不绝。

"那为什么口径越大看得越清楚呢？"寒星还是有些不解。

"这个嘛……"爸爸有点儿为难，"等你上了高中，我再告诉你吧。"

5

目镜中的行星

其实，寒星总想问问忙碌的爸爸，他去天文台观测时，应该用过很多种高级望远镜，也应该看过很清晰的行星……可那是爸爸工作的地方，自己也没什么机会去。对于天文台，寒星一直非常向往。

周末的一天，天气格外晴朗，爸爸突然提议要带寒星和影月去看星星，把兄妹俩高兴坏了。不过爸爸并没有带他们到天文台，而是去拜访了他的一个朋友小李叔叔。小李叔叔是一个天文望远镜发烧友，买了很多设备，一下子就把寒星和影月看晕了。

"小李叔叔，这个小望远镜是干什么用的呀？"寒星围着望远镜问个不停。

"这个是用于拍摄的，可以拍出漂亮的星云。"

"那这个又短又粗的呢？"

"哦，这是便携式的折反射望远镜，带出去很方便。"

"这个金色的望远镜好酷，我们能用吗？"

"用不了，这个是专门看太阳日珥的望远镜。可惜太阳早就下山了。"

"这个大家伙是干什么用的？"影月终于抓住机会问了一个问题。

"对喽，咱们今天就用它来看行星！"

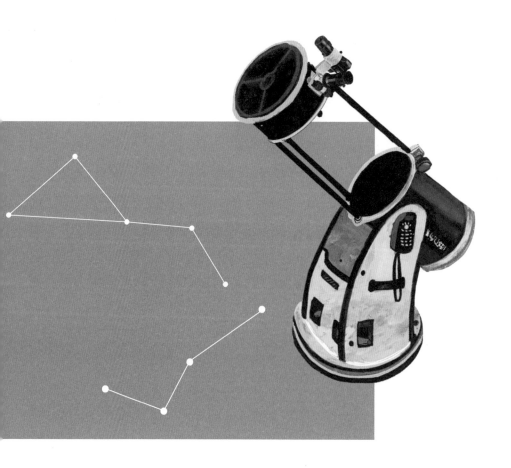

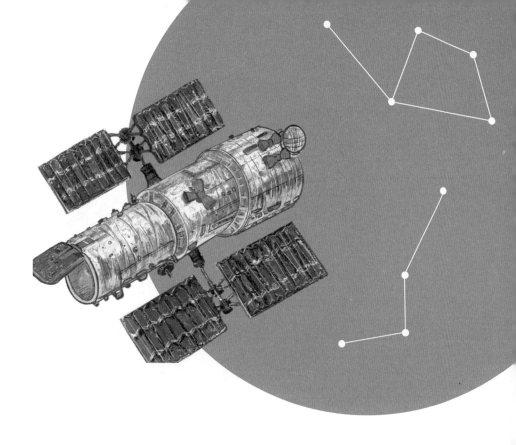

　　这是一台怪模怪样、又粗又大的望远镜。和一般望远镜不同的是，这台望远镜似乎直接坐在地上，全靠一个转盘调节方位，而且望远镜的镜筒也如镂空一般，不像一个完整的镜筒。

　　看出孩子们的疑惑，爸爸介绍说这是一个很好的目视行星用望远镜。这类望远镜被统称为道布森式望远镜[①]，特点是口径大，支撑简单，价格也相对便宜。为了能有更好的观看效果，小李叔叔和爸爸两人先把望远镜搬到广外，打开镜盖，让望远镜的温度慢慢与环境温度达到平衡，据说这样可以减少气流对观测的干扰。

他们在屋里又聊了四十多分钟，木星高了一些，大家走出去准备开始观测。道布森式望远镜的光学部分其实是一个大口径的反射式望远镜，也就是牛顿发明的那种望远镜结构。这台道布森式望远镜的口径足有 12 英寸（约 30.5 厘米）呢！

小李叔叔很快找到了木星，通过几个手拧螺丝简单调整了光学系统的光轴，换上了一个粗大的目镜，然后招呼大家来欣赏。

寒星看了第一眼，就叫了出来："哇！好漂亮的木星！"

"我也要看！"影月赶紧凑过来。但是影月看到之后并没有太激动，因为她之前并不知道用小型望远镜看木星的那种"黄豆粒"效果。

"木星有这么多云带啊！一条、两条、三条、四条……大红斑也在这里！"寒星特别兴奋。

"真的？"影月来了兴致，凑过来欣赏木星上的大红斑。

"大红斑其实是木星上的一个巨型风暴，至少有二百年的历史啦。这个风暴巨大，最大时超过两个地球的大小。不过最近我们发现，大红斑在慢慢缩小。"爸爸一边看一边讲解着。

"别的行星都是什么样子呢？"影月问。

"来，我们再看看土星。"说着，小李叔叔开始转动望远镜。因为土星的位置距离木星不远，很快就找到了。

这次轮到影月叫了出来："哇！好美的土星！"

在目镜中，土星确实美丽而别致，宽大的光环似乎还有隐隐的纹路。

"土星的光环是它的标志，在太阳系八大行星中，没有谁能和它媲美。不过在最开始，伽利略看到的并不是光环，而是两个模糊的球贴在土星上，你们知道是为什么吗？"

"是土星的形状变化了吗？"寒星问道。

"那倒不是，是因为伽利略的望远镜的光学素质很低，不足以将土星环分辨出来。随着望远镜的改进，后来的天文学家如惠更斯、卡西尼等，都对土星环进行了观察，而且还发现土星环其实是由很多同心环组合而成的。有的地方还有缝隙，最大的一个缝隙就是卡西尼环缝②。看看你们谁最幸运，能看到土星环的卡西尼环缝？"爸爸鼓励兄妹俩。

果不其然，大家在凝视一会儿之后，看到了若隐若现的卡西尼环缝。但这里的环缝似乎很淘气，一会儿有，一会儿又不见了。寒星看得颇为着急："为什么看一会儿就消失了呢？"

　　"这就是我之前说的，想要看清楚行星的细节，只有大望远镜不行，还需要另外一个条件，就是稳定的空气。如果空气不稳定，我们看到的行星就会快速而剧烈地抖动，也就看不到什么细节了。但当空气稳定时，很多行星的细节就都出来了。所以我让你们挑战一下卡西尼环缝。其实像木星的大红斑、土星的卡西尼环缝、火星的极冠和大流沙地貌，都是可以挑战的。"爸爸说。

"我还想看火星！"影月兴奋地叫道。

"哎哟，现在不是看火星的季节。每两年才有一次观察火星的最佳机会。那时候火星距离我们比较近，叫作'火星冲'。而每十五年左右，火星会特别接近地球，那时候叫'火星大冲'。上两次火星大冲分别是 2003 年和 2018 年。你们算算，我们什么时候能再次看到火星大冲呀？"爸爸很细心地讲解着。

"啊？到时候我们可能都上大学了！"寒星哭丧着脸说。

第二章

天之纹

恒星，是位置相对不变的天体，
太阳是距离地球最近的恒星。

1

城市的星空

据说，用望远镜看星星容易让人着迷。自从上次在小李叔叔那里看过木星和土星之后，寒星的心里总是痒痒的，显然他没有看够。天上那么多星星，如果一个个看过去，多有意思呀。但当他和爸爸说了这个想法后，爸爸立刻给他泼了一盆冷水："用望远镜去看天上其他星星？除了一个亮点儿，你什么都看不见。"

寒星将信将疑，于是约了王东用小望远镜去试试看其他那些星星。城市里的灯光太明亮了，即使在晴朗的夜晚，也只有几颗星星孤孤单单地挂在天上。小时候，爸爸妈妈带他到郊外去看星星，寒星清楚地记得，他第一次看到那种天空时，吃惊地瞪大眼睛，那是多么美妙的星空啊——数不尽的繁星，还有浅浅的银河，星星有亮有暗，有蓝有黄，还有的聚在一起组成一个个奇怪的形状。可惜在城市里，寒星从未看到过这般景象。

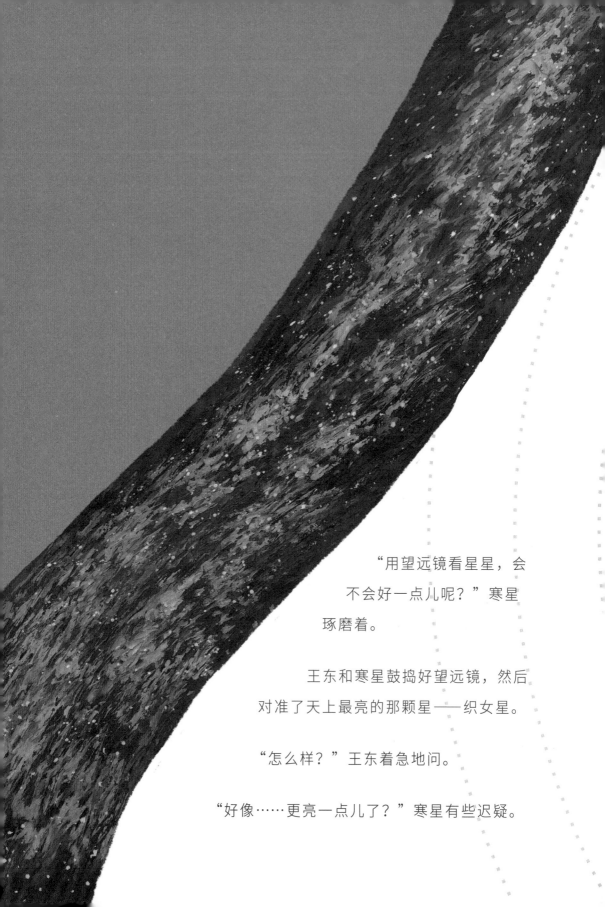

"用望远镜看星星，会不会好一点儿呢？"寒星琢磨着。

王东和寒星鼓捣好望远镜，然后对准了天上最亮的那颗星——织女星。

"怎么样？"王东着急地问。

"好像……更亮一点儿了？"寒星有些迟疑。

"让我看看！"王东将眼睛对准望远镜的目镜，可眼前的景象让他太失望了。确实如寒星所说，织女星只是看起来更加明亮了，根本看不到织女星上有什么东西。就连木星那种带着条纹，隐隐约约的黄豆粒模样都看不到。

有了上一次看行星时积累的经验，寒星猜测可能还是望远镜出了问题。他劝王东不要灰心，这可能是望远镜口径不够大的缘故，改天他们可以一起去找小李叔叔，用大口径望远镜看织女星。

一回到家，寒星便急切地向爸爸求证，用大口径望远镜看织女星，能不能看清楚些呢？不料爸爸却说："只会更亮一些。我们是没办法通过大口径望远镜看到恒星细节的。"

"是因为望远镜口径不够大吗？"寒星问。

"应该说是因为除了太阳，其他恒星都距离我们太遥远了。"爸爸解释道，"基本上所有的恒星，都可以当作一个点来看待，即使把这个亮点放大，也不会看到什么的。"

2

恒星世界

与行星相对的天体是恒星，恒星是位置相对不变的天体，太阳是距离地球最近的恒星。恒星和月亮一样，都是东升西落，但它们之间的相对位置却看不出有什么变化。不像金星、木星这类行星，会在恒星之间穿行。正因为恒星之间的位置关系基本不变，古代的天文学家们绘制了星图，将这些恒星之间连上线，把它们想象成一些自己熟悉的东西。

北斗七星，在中国被称为北斗，而在西方则属于大熊座的一部分。

比如冬天的三星，在中国属于参宿，而在西方则属于猎户座。

中国星官③和西方星座，成为了世界上两大相互独立的星座体系。

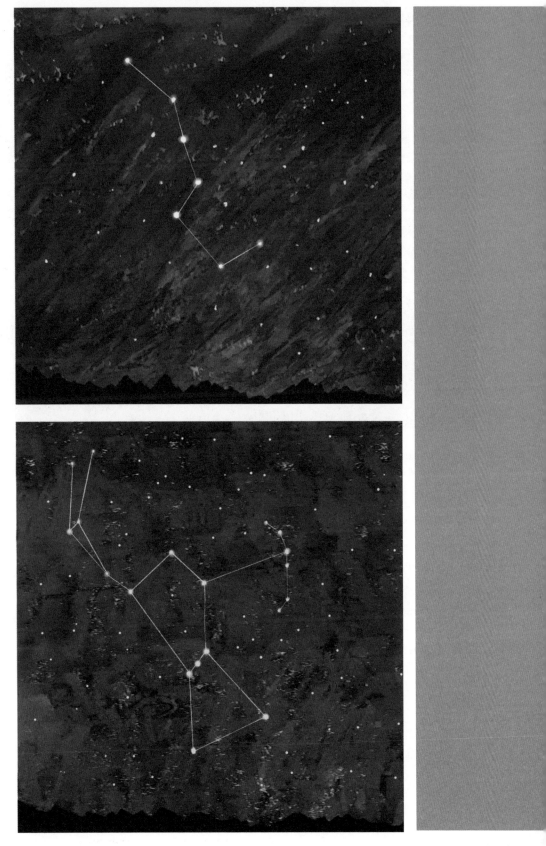

　　恒星之间的距离不发生改变，只是因为它们距离我们太遥远，所以我们看不出它们的位置变化。距离我们最近的恒星是太阳，地球与太阳的距离大约为 1.5 亿公里。这 1.5 亿公里的距离，实际上只够让世界上速度最快的光跑八分钟。而距离我们第二近的恒星，距离地球约 4.2 光年，就是光要跑 4.2 年才可以到达那里。因为恒星距离我们过于遥远，所以我们无法看到它们的样貌。不过，世界上最先进的技术已经可以看到较近和较大的恒星上的一点儿细节了，比如位于猎户座的参宿四就是一个巨大的恒星，距离我们约七百多光年，天文学家利用现在的技术已经可以看到它上面的亮斑，以及周围的物质抛射了。

　　恒星与恒星的差别很大，就以前面提到的参宿四为例，就是一个又红又巨大的恒星。冬天，我们用肉眼就能看到它与别的星星不一样，它发出的是橙黄色的光芒，这种恒星我们称之为红超巨星。而在猎户座脚上的那颗星就正好相反，它又蓝又亮，我们称之为蓝超巨星。相对而言，那些较小的恒星被我们称为矮星，比如太阳就是一颗橙黄色的矮星。绝大多数的恒星都是这种矮星，颜色也接近于黄色，但有一类天体除外，它们的颜色很白，而且个头很小，我们称这种恒星为白矮星，它们是一颗恒星演化到结尾的状态。我们在冬天看到的天狼星实际上还有一颗小星伴其左右，这颗小星被称为天狼星B，它就是人类发现的第一颗白矮星。

其实我们看到的这些恒星都是有寿命的，我们看到它们的样子，只是它们在某一演化阶段的状态。在恒星世界中，有个头大的恒星，也有个头小的恒星。一般来说，个头大的恒星演化迅速，寿命较短，最后灭亡的场景也非常激烈，灭亡后还会以中子星、黑洞这种奇特的状态存在，而个头小的恒星演化较慢，寿命较长，比如太阳就有大约一百亿年的寿命，而一些大个头恒星，寿命只有几千万年。正因为它们的个头不同，所以走上的是不同的演化道路。

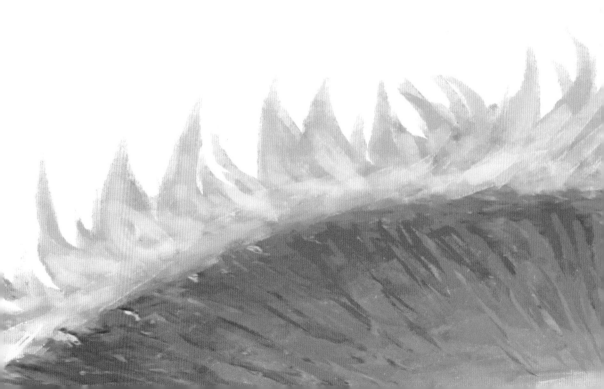

　　小个头的恒星大致会走上这样一条道路：较小的星云聚集成小个头恒星——漫长地演化——膨胀为红巨星——抛出外围气体形成行星状星云——内核形成白矮星。

　　大个头的恒星则会走上这样一条道路：巨大的星云聚集成大个头恒星，一般呈蓝色，并且非常明亮——迅速演化——膨胀为红超巨星——经历复杂的演化——爆炸产生超新星——内核坍缩成黑洞或者中子星。

3

给星星拍照片的人

天气开始变凉，夏日的雨水渐渐稀少，眼见着晴朗的日子越来越多。

一天，影月不知从书柜的哪里翻出一本天文书，她刚翻了翻就叫了起来："哇，这些星星好漂亮，彩色的！"寒星过去看了一眼，原来是一本英文老书，可能是爸爸年轻时出国学习带回来的。这本书很厚，有很多精美的照片。只可惜自己英文还没那么好，只能看懂一些简单的句子和个别单词。但有一个词他经常见到，叫Galaxy，只要有这个词的照片，都会很漂亮。寒星看着妹妹翻看的照片，一个疑问突然钻了出来：我们看不到星星上的结构，那么宇宙中天体的这些照片，又是怎么来的呢？

寒星跑去问爸爸，爸爸说，有两个现成的老师可以解答他的问题，一个是他微博上的那些朋友，另一个就是小李叔叔。

　　这一天恰巧是周末，寒星打开电脑登录微博，那里面有一些星空摄影师，他们会到世界各地去拍摄星空、沙漠、草原、雪山，甚至还有机会去南北极。他们的照片里有银河、星座，还有流星和极光。看到他们拍摄的照片，寒星简直羡慕死了。可寒星从来没有想过，自己是不是也能拍摄一张星空照片呢？

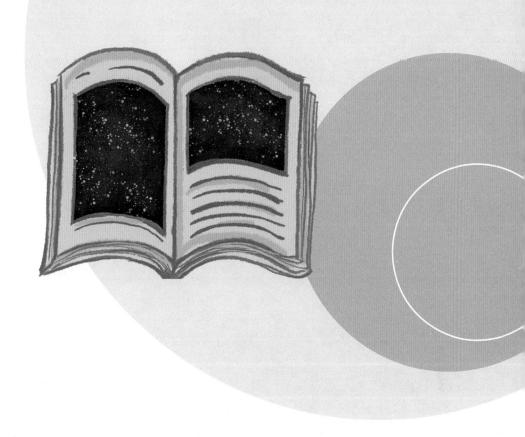

　　微博上的星空大 V 不少，寒星挑了个自己喜欢的，给人家发了私信："大神，我是你的铁粉。请教教我星空摄影好不好？"

　　然而，大神却没理他。

　　等到第二天中午，大神终于回复了。原来大神昨晚出去拍星了，熬了一夜，一觉睡到中午，刚刚看到寒星的留言。对于寒星的问题，大神只给了简单的回答：用相机对着星空长时间曝光，大概半分钟左右。记得要开大光圈，并且调高 ISO[④]哦！

哎哟，这对摄影基础为零的寒星来说，简直是什么都没说嘛。

寒星能求助的最靠谱的人，恐怕就只有小李叔叔了，毕竟有过之前看行星的交流，寒星并不怵头。可小李叔叔给他的答案却不一样：需要望远镜、赤道仪、电动什么什么的，还有CCD⑤、电脑……天哪！为什么同样拍摄星空，说的方法却不一样呢？

4

星空摄影

在 19 世纪中期之前，天文学家对天体的观测结果进行记录，大多采用目视和手绘结合的方式。地球大气的干扰导致一些细节模糊不清，或者时好时坏，因此肉眼观察通常伴随着"脑补"。最著名的一次"脑补"就是人们通过对火星的目视观测，手绘出火星表面的运河图。

在 19 世纪中期照相术发明之后，天文学家逐渐开始尝试用照相的方式进行天体观测。最开始只是对明亮的天体进行照相。到了 20 世纪初，随着望远镜光学、相机光学、相机胶片的发展，天体摄影成为发现暗弱天体的有力工具，比如天文学家巴纳德利用简单的相机和镜头照相，发现了许多之前未曾关注过的天体。另外，使用大口径望远镜的照相技术还发现了许多更加遥远的天体。这些天体并非简单的恒星，而是有一定形状的天体，主要包括星云、星团、

星系。人们逐渐发现，这些天体的照片特别漂亮，由此，这些天体成为了天文爱好者竞相追逐的目标。

拍摄这些天体需要复杂的设备，也需要精湛的技术。能够拍出一张星云、星团或者星系的照片，那是相当珍贵的。在上个世纪，天文爱好者都用胶片进行摄影创作。他们首先要架设一台用于拍摄天体的望远镜，这种望远镜并非很大，但有着优良的成像素质，被称为"摄星仪"。这种望远镜被安装在一台支架系统——赤道仪上。赤道仪可以抵消地球的自转效应，实现对天体进行跟踪，这样就允许相机进行长时间的曝光，经过几十分钟的等待，一张照片就完成了。不过胶片相机并不能直接看到拍摄的效果，还需要将胶片送到冲洗店冲洗、放大，然后才能看到结果。有些天文爱好者索性自己搭建暗房，自己动手冲洗这些拍摄的胶片。

到了 21 世纪，数码成像设备发展迅速，以 CCD 或者 CMOS⑥ 为基础的天文相机出现后，大多数天文爱好者更换了装备，开始用数码成像的方式进行天体摄影。数码天文相机有着更加优异的性能，拍摄也变得简单

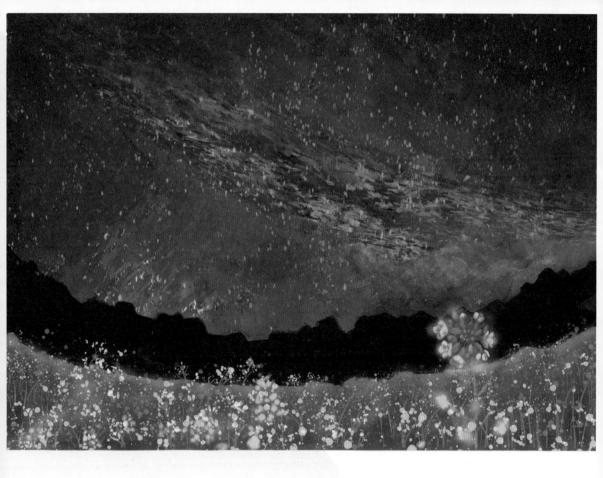

许多。而且拍摄完毕，就可以看到效果，这大大提高了效率。不过这种采用望远镜、电动赤道仪、天文相机拍摄天体的工作，还是很有难度的。

21世纪还出现了另外一种天文摄影方式，这种摄影不需要望远镜等设备，只用相机和镜头就可以完成，拍摄的题材也大多是不同地方的星空、银河、星座、流星等。由于这类照片是星空与地面景物的结合，也被称为"星野摄影"。寒星在微博上关注的那些大V，很多都是从事"星野摄影"的摄影师，他们与小李叔叔那种拍摄天体的摄影师不一样。

第三章

深空探宝

星云真是一种神奇的天体，
可以是恒星的遗骸，
也可以是恒星的温床。

1

星云和星团

如果让寒星选一个他喜欢的季节，那一定是冬天。冬天夜晚的亮星格外多，即使是在城市里，也会有一种繁星满天的感觉。而且，根据他父母的说法，寒星的名字正是由此而来。

冬天的星空真是让人看不够，最闪耀的是东南方天空中的天狼星，旁边是全天最为华美的星座——猎户座，它有漂亮的三星，神秘而火红的参宿四。猎户座正对着的金牛座也很不错，金牛的眼睛叫毕宿五，虽然没有猎户座的参宿四那么红，但有稍显橙黄色的色泽，似乎这头金牛有些恼怒。猎户座的头顶方向是一蓝一白两颗亮星，它们属于双子座。如果顺着双子座再往东，就会看到反问号形状的狮子座正在地平线上探头探脑。不过，让寒星更沉迷于冬季星空的，其实是那几个毛茸茸的家伙。

金牛座的后背上有一丛紧密的小星，肉眼看上去如云似雾。寒星曾用双筒望远镜看过它们，可让他失望的是，一进入望远镜，这团云雾就立刻化作了六七颗星星。在猎户座中也有这么一团云雾，但这团云雾似乎确实是气体，因为在望远镜中，中心那颗星的周围似乎有扇子状的云气延展开来。寒星为了这两团毛茸茸的家伙专门查过书上的星图，金牛座的那团叫做 M45，也叫昴星团，而猎户座的那团叫做 M42 和 M43，也叫猎户座大星云。按照星图的说法，不远处还有大犬座的 M41 和巨蟹座的 M44，它们按说也都是云雾状的天体，然而寒星拿着双筒望远镜找了好久，却丝毫没有发现它们的踪影。

不过，事情就这样凑巧，年底的时候，摄影师小李叔叔给爸爸送来一本台历，里面用的图片是他这一年拍摄的天体。寒星眼尖，一眼就看到了 M45 昴星团、M42 和 M43 猎户座大星云这几个字。 可当他看到照片时却有些糊涂，这照片怎么和自己看到的景象不一样呀？小李叔叔拍摄的昴星团是众多蓝色亮星汇集而成，还有丝丝缕缕的蓝色气体萦绕在周围。猎户座大星云的模样更是奇特，像一个展翅欲飞的火凤凰。寒星想了想自己看到的稀稀疏疏的几颗星， 还有模模糊糊的气体，怎么也没法和小李叔叔拍摄的照片对应起来。

　　面对寒星的重重疑惑，爸爸决定请小李叔叔带孩子们进行一次
野外天体拍摄的实战练习。不过，小李叔叔给寒星和影月布置了一
个作业——记住 10 个梅西叶天体。

2

梅西叶天体

正如寒星对望远镜中的星云和星团怀有疑问，天文学家们也曾对它们的存在心生困惑。早在 18 世纪，法国天文学家梅西叶就在关注这类天体，不过，对于梅西叶来说，他的困惑更为实际：为什么这些天体，长得那么像彗星？害得我总以为自己发现了新彗星了！没错，梅西叶是一名彗星猎手。在当时，发现彗星是一件很荣耀的事情，还能获得真金白银的奖励。可是在梅西叶寻找彗星每每得手时，他也发现了天上一些不动的"彗星"。为了把这些假彗星与真彗星区别开来，他开始着手做一个"假彗星表"——就是后来的梅西叶星表。

　　现在的梅西叶星表中，有多达 110 个天体，这实际上是后来逐渐补充而成的。早在 1771 年，梅西叶发表的第一份星表只有 45 个天体，里面包含了北半球天空中最为瞩目的一些星云和星团。其中 M41 到 M45 这几个天体几乎都是肉眼可见的。梅西叶星表中有不少明星，其中第一枚天体，位于金牛座犄角旁边的M1就负有盛名。话说1054年，正是北宋宋仁宗至和元年，当时负责观察天象的官员发现了一颗新出现的星，它就是1054超新星。它是一颗暮年的超大质量恒星的死亡之舞，爆发的巨大能量让这颗星瞬间增亮，甚至白昼可见。而因爆发被推入宇宙空间的物质也在那片区域形成了一片星云，又名"蟹状星云"，它其实属于星云家族中一类较为特殊的类型——超新星遗迹，也就是恒星的遗骸。

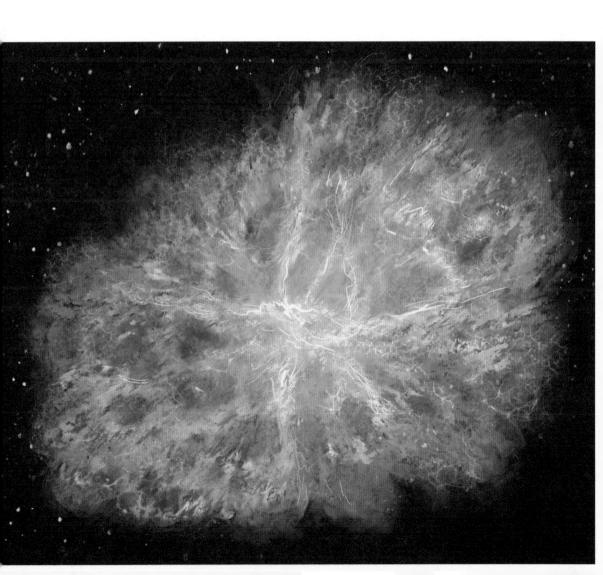

比起蟹状星云，位于猎户座的 M42 和 M43 更具知名度，它们在一起相伴，形成火凤凰的造型，于是猎户座大星云也被称为"火鸟星云"。与蟹状星云截然相反，猎户座大星云是一处复杂的恒星形成区，那里有厚重的尘埃云、分子云和红色的电离氢气体，是孕育新生恒星的温床。星云真是一种神奇的天体，可以是恒星的遗骸，也可以是恒星的温床，正所谓来也星云，去也星云。

在梅西叶的天体表中，除了星云外，还有大量的星团。顾名思义，星团就是一些恒星聚拢在一起形成的天体。根据聚集程度的不同，星团被分为球状星团和疏散星团两大类。冬季夜空中的明星天体——M45 昴星团就是疏散星团中的典型：它里面由众多蓝色的大质量恒星构成，这些蓝色的光芒甚至把周围的星云都映成了蓝色。

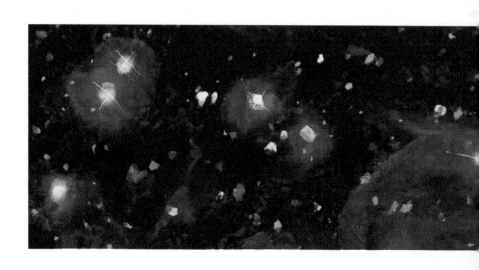

千万不要低估了我们的眼睛，中国古人曾经用肉眼发现了夜空中的一些星团，除了 M45 昴星团外，还有位于巨蟹座的 M44 蜂巢星团，它的中文名叫积尸气。在银河中的天蝎座尾巴尖上，古人也发现了一个星团，并将其命名为鱼。后来梅西叶将其列入星表中的第七位，也就是疏散星团 M7。相比于疏散星团，球状星团比较难用裸眼观测到。最为明亮的球状星团位于半人马座，被称为半人马 Ω 球状星团，可以在我国南方地区的天空中看见。而在北方，我们只能尝试观看位于武仙座的球状星团 M13，在城市里，这是一个难度很大的目标。

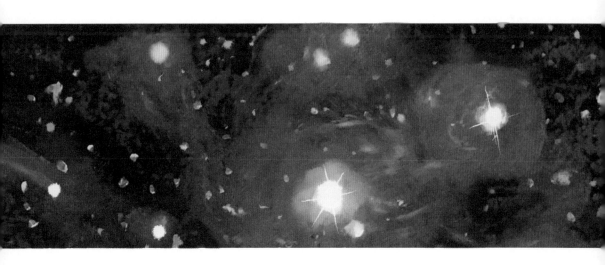

3

寻找暗夜

爸爸和摄影师小李叔叔策划了一个周密的活动行程，地点选在距离城市一百多公里外的一个半山腰。为了这次行程，小李叔叔几乎毫无保留，除了带上自己的宝贝摄星仪外，还带上了那台体形硕大的 12 英寸口径的道布森式望远镜。

"这不是上次看行星的那个大家伙吗？莫非这次还有看行星的节目？"寒星和影月都有些不解。不过，对他们而言，能够赶上一个晴朗的周末晚上开车出去看星星，简直赛过任何一次度假郊游！

车子很快就在高速公路上奔跑起来。大约半个小时后，车子开始在大山间钻来钻去，穿过一条隧道又接上另一条隧道。山的轮廓在黄昏的暮色中起起伏伏。

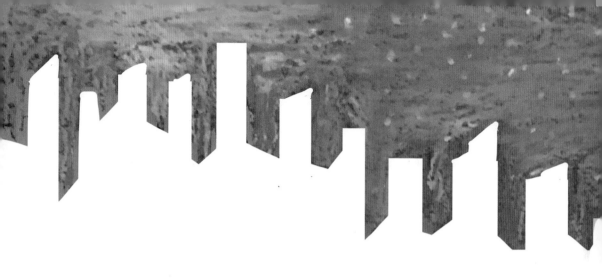

"看，金星！"眼尖的寒星指着暮光的方向。

"还有细细的月牙呢！"影月也扒着车窗往外看。

"好了，问题来了，"坐在前面的爸爸回过头，"你们说说看，我们为什么要在细月牙这天出去看星星呢？"

"因为……"寒星想抢答，但感觉自己并没有找到答案。

"哈哈，因为啊，月亮是盏巨大的灯啊！"正在开车的小李叔叔笑了起来，"我们开车去郊外，去深山，就是为了躲避城市的灯光。如果今天是满月，那我们跑到山里一看，哎，城市的光不见了，天上多了一盏大灯，那我们岂不是白跑了一趟？"

　　"我们去拍星星，当然天空越黑越好，光害程度越低越好。我们所在的市区，光害是最严重的，属于 8 级到 9 级光害，只能看到少量的亮星。但当我们到了郊区，光害就会减轻一些，可以降到 7 级甚至 6 级。"爸爸说。

　　"级？"寒星一脸疑惑，"什么级？和风力的级一样吗？"

　　"这个级是波特尔[7]暗夜等级，城市中心那种属于 9 级，最黑的黑夜属于 1 级。"爸爸解释道。

　　"那我们现在的地方，算几级光害呢？"寒星忙问。

"大概6到7级吧。不过,过了山,就能到4级或5级了。"爸爸回答。

"我们今天看星星的地方,是几级呢?"影月追问道。

"3级。"小李叔叔说。

"真想看看最黑的黑夜呀,那会是什么样子呢?"影月满心憧憬地说。

4

远去的天文台

汽车离开高速公路，又在乡村道路上行驶了半个多小时，在一座小山的山脚下开始盘山，不多久就来到了半山腰。那里是一片开阔地，似乎是一处观景平台。小李叔叔说，这里曾经是他们拍星爱好者的"聚点"。

"为什么说'曾经'呢？现在那些拍星星的人都去哪了？"影月的好奇心被勾起来了。

"现在的光害条件已经不如从前啦，之前可以达到 2 级，那真是伸手不见五指。有些天体，用肉眼就能清晰地辨别出大概的位置。"小李叔叔看了看天空，"真是令人怀念啊。"

"与二十年前相比，这些地方的夜空条件确实变差了。城市在发展，乡镇也在发展，人们夜晚用的灯越来越多，还有公路、车辆、工厂的灯光等。现在很多拍星爱好者都要开车去到更远的地方啦。"爸爸看着山下的村落说道，"专业天文台也遇到了类似的瓶颈，20世纪中期建设的很多天文台，距离大城市并不太远，两个小时左右就能到达，很方便。

"当时天文学家没有意识到，光害会来得这么快。到现在，这些天文台已经无法开展很多观测工作了。"

"那把天文台搬到更远的地方去呗，就像小李叔叔那些朋友那样，再远两个小时，不就可以了吗？"寒星说。

　　"也对，也不完全对。"爸爸看着寒星和影月，"新的天文台要躲避光害，确实要寻找更远更偏僻的地方。但天文台选址的条件要比天文爱好者们进行星空摄影更加苛刻，要考虑到运输和补给的许多问题。新的天文台都期望建设在高海拔的地方，从而躲避大气带来的干扰，也避开人为光源的影响，但越是偏远的高山之巅，补给和运输就越困难。弄不好，天文学家们的吃住都成问题。"

　　"天文学家也不能饿肚子！"影月忽然认真而严肃地说道。她说话的语气把大家都逗乐了。

5

星空的魔法

黑夜的星空太令人震撼了，与城市的星空相比简直是两个世界。那些曾经被城市光芒掩盖的星星，一个个都钻了出来，构成了夜空中密密麻麻闪耀的宝石，像夜晚的雪花飘落在黑色的衣服上，在路灯下映照出闪闪发光的效果，又像波光粼粼的水面，一个个光点在水面上跳跃。只是这星空啊，光点那么迷人而深邃，似乎像牢牢镶嵌在天穹上，又似乎像在微微颤动，不知什么时候就会掉下来。

"猎户座好漂亮啊！"影月看着星星感叹着。

"好多没见过的星座，已经认不出来了。"寒星仰着头转圈。正当爸爸带着寒星和影月在星空下聊天时，一路颇为健谈的小李叔叔却闷声不响地忙碌起来。一只只铝合金的箱子被他从汽车后备厢拖了出来。爸爸忙叫寒星和影月过去帮忙。小李叔叔却摆摆手，说：

"这些家伙死沉死沉的，还是让你爸和我来搬吧。"

一只箱子里装的是大望远镜的镜面，金属杆被放在一个长条状的包里。一只小一点儿的箱子里装的是一个小望远镜，看起来颇为精致。还有一个箱子特别重，里面似乎放着铁疙瘩。另外一些箱子又小又轻，看小李叔叔的样子，一拿一放都非常小心。

箱子搬运完毕，小李叔叔和爸爸开始一起架设设备，很快两套望远镜就架设完毕。一台体形巨大的，就是 12 英寸口径的道布森式望远镜——它看着与一般望远镜不太一样，结构相对简单；另一台很小巧，是那台小李叔叔心爱的摄星仪，也就是专门用于拍摄天体的望远镜，它被架设在一个赤道仪之上，也就是那个"铁疙瘩"上。

"下面，让我们开启星空的魔法吧！"爸爸宣布。

"魔法？"影月一脸期待。

"魔法？"寒星将信将疑。

"第一个魔法，就是这台望远镜！"小李叔叔指着那台大型的道布森式望远镜说，"咱们一起去看看 M42 和 M43 吧，对了，之前留过作业，这个星云应该叫——"

"猎户座大星云！"寒星和影月异口同声地喊了出来。

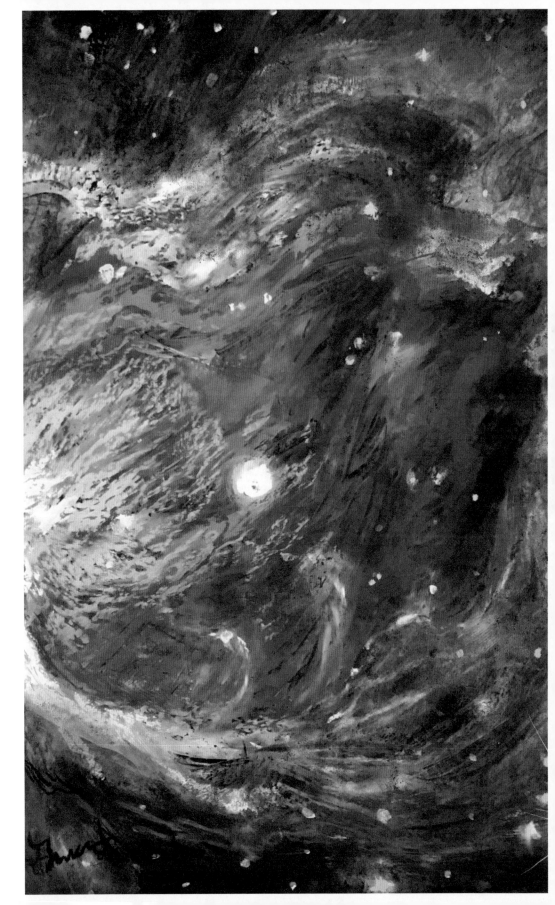

"回答正确。第一项考试通过！"说着，小李叔叔开始徒手转动这台望远镜，指向了猎户座的腰带下方，然后通过寻星镜瞄了一下，示意他们可以看了。

寒星心里有些纳闷，他还记得之前在王东家摆弄那台细长望远镜的经历。当时两个人掰来拧去地折腾了半个多小时才找到一个目标，而小李叔叔只用了不到半分钟就把目标锁定了。这是怎么做到的？寒星把眼睛凑到目镜旁边，眼前的景象令他窒息。

"好美啊！"寒星轻轻地喊了出来，仿佛害怕把目镜中的那个天体吓走。

"我也要看！"影月挤到哥哥身边，将眼睛对准目镜，"哇！"这回轮到影月惊叹了。

在目镜中，猎户座大星云泛出青绿色的光芒，中间有四颗小星聚拢在一起，构成一个歪歪斜斜的梯形，周围的云气相对暗淡，像鸟翅膀一样展开，可以看到其中伸展和弯曲的结构，那是宇宙中汹涌的波涛。影月再定睛一看，似乎周围的星云变得更加清晰立体了，刚才的鸟翅膀变成了层层的花瓣，整个星云变成了正在绽放的花苞。兄妹俩简直不敢相信自己的眼睛，猎户座腰带之下的大星云，在望远镜中居然呈现出如此美妙的景象。

"我们来上演第二个魔法！"小李叔叔说着，又来到摄星仪旁边，哒哒哒哒开启了四个按钮，"电源、赤道仪、相机、极轴镜"，说着，小李叔叔拿起挂在赤道仪上的一个控制器，按下按键，赤道仪发出了轻柔的电机声，带着望远镜转动起来。小李叔叔这行云流水的一番操作，让一旁的寒星都看呆了。

　　"稍安勿躁，稍安勿躁！使用拍摄天体的摄星仪就是比较麻烦，之前要做好几项准备工作呢。我得对精细极轴做指向矫正，还要精确对焦，所以……你们还得再等我半个小时。"小李叔叔神情严肃地说。

第四章

星系世界

哈勃发现，
绝大多数星系都在逃离我们，
而且越遥远的星系，
逃离的速度越快。

1

眼睛与照相机

已是深冬的天气，山里更是冷得让人头皮发麻。寒星和影月没一会儿就被冻得不行，钻进车里取暖。外面只剩下爸爸和小李叔叔围着望远镜在忙碌。

"好了！"爸爸打开车门，一阵冷风灌了进来。

"啊，好冷！"影月裹紧衣服，"能不能不出去了呀？"

"星空的魔法，最后一步了哦！"爸爸劝诱着，把兄妹俩带到调好的望远镜旁边。真是太冷了，两人冻得直跺脚，这可吓坏了小李叔叔："千万别跺脚，我和你爸爸用了半小时才把这台望远镜调好。你们快来看！"

这台摄星望远镜歪着头，镜筒恰好对着猎户座腰带的方向。

"下面就是见证奇迹的时刻！"小李叔叔充满仪式感地说。

兄妹俩轻手轻脚地走过来，却没找到观看用的目镜。"没有目镜，怎么看呀？"寒星有些不解。

"在这里！"小李叔叔按动了望远镜上面接驳的相机，显示屏亮了起来。然而，显示屏里面却漆黑一片，只有几颗小光点，那就是望远镜对准的几颗较亮的星星。

"一点儿也不好看，黑咕隆咚的！"影月很失望。

　　"别着急，等我按下快门。你们只需数到 30 秒就明白啦！"小李叔叔并没有直接按动相机快门，而是用了一个长长的控制线。咔嗒。滴，滴，滴，滴……

　　"二十七，二十八，二十九，三十！"兄妹俩跟着小李叔叔一起轻声数着。

　　咔嗒。

　　火凤凰般的星云，或者说粉红色含苞待放的玫瑰花般的星云，一下子出现在屏幕上。

　　"哇，太棒了！和画册上的一样！""太美了！太美了！"影月和寒星显然早已忘记了寒冷，"这是怎么做到的？"

　　"其实这并不难理解，刚才你们用肉眼看到的猎户座大星云，是什么颜色的？"爸爸问。

"只有淡淡的青绿色。"影月回答。

"其实，这个星云最主要的颜色是红色，但我们的眼睛对这种红色不敏感，所以用肉眼观看，很难辨别出它真实的色彩。但相机就不一样了，它对红色很敏感，而且我们用了 30 秒的时间，把暗弱的光累积了起来，这样就可以拍到它真实的样子了。这就是天体照相术的魔法！"小李叔叔看着兄妹俩兴奋的样子，禁不住也跟着开心起来。

"这就是观星的魅力啊！"爸爸看着寒星和影月，欣慰地说。

2

马头星云与河外星系

其实，天体照相技术发展到现在也不过才一百五十多年，而望远镜已经发明了四百余年。在望远镜发明的早期阶段，人们已经知道，口径越大的望远镜能够看得越远、越清晰，于是，望远镜的口径一直是天文观测者们追求的目标。然而在那时，无论哪种结构的望远镜都存在着相当大的技术缺陷。伽利略发明的折射式望远镜存在着成像色差问题，而牛顿的反射式望远镜存在着镜面磨制和稳定性的问题。即便如此，到了18世纪后期和19世纪前期，一些米级大口径望远镜还是给人们带来了惊喜。

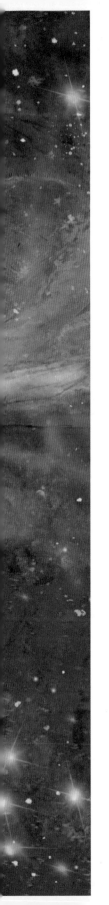

　　从 19 世纪中期开始，随着摄影技术的发展，人们很快就将望远镜应用到了天体摄影领域，从最简单的月球到一颗恒星、一片明亮的星云等。而望远镜也随之发生改变，连光学设计也开始向摄影倾斜。19 世纪末期，诞生了专门用于摄影的望远镜，被称为摄星仪。虽然那时的胶片技术还相当落后，光学技术也无法与今日相比，但天体摄影可以利用赤道仪来精确追踪天体，实现一个小时以上的长时间累积曝光，从而得到肉眼观察不到的暗淡景象。位于猎户座的马头星云就是一个被天体照相技术发现的天体，而这类天体在 20 世纪初期频繁地被发现，不断地刷新着人们的认知，这也催生了另一类天体的发现：河外星系。

　　在通过望远镜用目视描绘宇宙的年代，一些明亮的星系早已被观测者们发现，但它们呈现为模糊的光斑，人们并不能辨认这样的天体与普通的星云有何不同，即使有些已经明显可以看到旋涡状的结构。一百多年前的一次星云测量，就引发了天文学界的一场轩然大波，最终判定这些"星云"并非银河系内的普通星云，而是银河系外的遥远星系。著名观测天文学家哈勃随之对这些星系做了照相观测，并将这些星系按照形态分成了旋涡星系、棒旋星系、椭圆星系、不规则星系等类型。哈勃发现，绝大多数星系都在逃离我们，而且越遥远的星系逃离的速度越快，这成了大爆炸宇宙学理论[8]的重要证据。

3

仙女座大星系

小李叔叔的天体摄影技术已经收获了两名热情的小粉丝。寒星和影月热切地向小李叔叔请求，他们俩还想让他拍摄别的天体看看。

"没问题！我们再看看 M45 如何？ M45 是——"

"昴星团！"寒星和影月又一次异口同声地回答。

"好，那我们就来拍昴星团！"一边说，小李叔叔一边用控制手柄转动起赤道仪，赤道仪发出嘶嘶的电机声音。兄妹俩觉得好奇，为什么这个小望远镜需要装上一个用起来复杂、搬起来又沉重的赤道仪呢？

"那还不是为了拍摄方便！"小李叔叔苦笑着说，"天上的星星，位置一直在发生变化，缓慢地移动着。"

　　"准确地说，因为地球在自转，所以看起来，它们也在缓缓地移动。"爸爸在一边插话。

　　"是啊，虽然我们用肉眼很难觉察这种移动，但用望远镜看它们，这些天体移动得很快呢。赤道仪就有这样的好处，可以用它来稳定地跟踪天体。"说着，小李叔叔已经把望远镜对准了金牛座的后背，那就是昴星团所在的位置。

　　与拍摄猎户座大星云不同，拍摄昴星团所需的时间较长。小李叔叔花了足足五分钟的时间，拍出来的效果与猎户座大星云截然不同，几颗星星已经非常明亮。有趣的是，在星星周围似乎缠绕着很多蓝色的云气。拍完了昴星团，兄妹俩又兴奋地嚷着要看别的。小李叔叔想了想说："我们来拍一个遥远的天体，如何？"

只见小李叔叔转动赤道仪，望远镜向西北方向指去，停在了一处星星不多的天空——比起猎户座附近繁星众多的场景，那片星空显得有些寂寥，而且，似乎看不出有什么特殊的天体。

"仔细看，一定要仔细看！"爸爸指着西北方的天空说。

"莫非是那团模糊的光？"寒星小心翼翼地猜测道。

"根本看不清啊？"影月个满地嘟囔着。

"对，就是它！"小李叔叔说。

"来，在拍摄之前，让我们用道布森式望远镜看看它吧。"说着，爸爸开始用手摇动大望远镜，指向了那个光斑。

　　不过，这次目镜中的景象，并没有让兄妹俩有多么震撼——那只是一个更大的椭圆形光斑，中心倒是挺明亮的，旁边还有个小点儿的光斑，似乎是和大光斑在一起的。这景象远没有猎户座大星云来得那般壮美。

　　"还是看我的吧！"小李叔叔经过简单的校准，开始了他的拍摄。大约 2 分钟之后，图像拍摄完毕——一下子就让寒星和影月叫了起来："我知道！这个就是 M31，仙女座大星系！"

　　"哈哈，你们答对了一半。其实里面还有两个小星系，分别是M32 和 M110。"小李叔叔一边说，一边将相机中的照片放大，兄妹俩凑上去一看，果然发现了两个小一些的星系。"最大的就是仙女座大星系 M31 啦，最小的是 M32，其实是仙女座大星系的卫星星系，稍大点儿的，是 M110，也是卫星星系。"

"什么叫卫星星系？"寒星问。

"简单来说就是小星系会绕着大星系转。"爸爸在一旁回答。

"那就奇怪了，按说应该叫 M33 才对，为啥叫 M110？"寒星疑惑不解。

"那是因为当年梅西叶不小心把它落下了。"小李叔叔又在一旁笑着说。

猎户座已经升得很高了，山里的气温着实让人冷得发抖，就连天狼星好像也在天边哆嗦着。他们匆匆收拾设备，准备回家。

天文台

天色渐渐暗了下来，
圆顶的天窗打开，
里面的望远镜开始轻柔地转动。

1

过年

随着期末考试的临近，寒星和影月也忙碌起来。如果要让他们俩在元旦和春节两个假期之间做选择，估计他们俩会毫不犹豫地选择春节。虽然元旦是个不错的假期，但元旦之后就是考试呀，谁会在元旦撒开了去玩呢？相比之下，春节就有意思多了，而且春节的节日气氛比元旦要浓——元旦是公历新年，春节是传统农历新年。可是中国人为什么要过两个新年呢？影月一直没搞明白。

这天早上，妈妈送寒星和影月去学绘画，一抬头正看见半个月亮挂在南方天空，便随口说："快到小年啦。"说者无意，听者有心。等到晚上回家，寒星看了看日历，发现后天确实就是腊月二十三——北方的小年。他忙跑去问妈妈是怎么知道的。

"这很简单啊，"妈妈说，"大年是三十，小年是二十三，差七天。如果早上见到下弦月，那么七八天之后不就过年了吗？"

　　"哦，有道理呀！"寒星自己琢磨起来。

　　"为什么中国人要过好几个年呢？新年、小年、大年……我们中国人真爱过年呀！"影月终于把她一直以来的疑惑问了出来。

　　"这个问题呀，说难也难，说简单也简单！"妈妈竟然卖起了关子。

2

农历

世界上很多民族都有自己的一套历法，那是他们自己计算日月、年的方式。比如汉族有农历，回族有回历，藏族有藏历，玛雅人还有玛雅历呢。这些历法各有不同，与目前世界上通用的公历差异很大，于是，这些民族就有了公历节日和自己历法的节日。

各种历法的制定都有一定的规则，比如太阳在星空背景上绕行一圈为一年，月亮圆缺变化一个周期为一月，昼夜更替一次为一日。但日、月、年之间的关系并不好调和，比如月亮圆缺变化一个周期的时间为 29 天多，如果这样设立 12 个月，那一年就少了几天，与太阳在天空中的变化规律对应不上。所以，世界上的历法，总的来说主要有三大类。

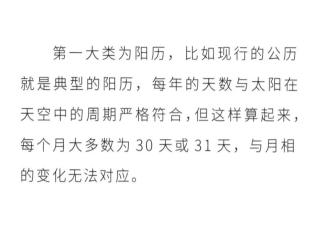

　　第一大类为阳历，比如现行的公历就是典型的阳历，每年的天数与太阳在天空中的周期严格符合，但这样算起来，每个月大多数为 30 天或 31 天，与月相的变化无法对应。

　　第二大类为阴历，比如回族使用的回历就是典型的阴历，每个月的天数与月相严格对应，每个月为 29 天或 30 天，但一年的时间与太阳的位置周期存在差异，所以月份无法与季节吻合，比如六月可能是夏天，过若干年后可能变成冬天。

第三大类为阴阳历，比如中国的农历就是典型的阴阳历，就是每月与月相符合，每年与太阳的运转周期相符合，其中的差异通过增加月份来弥补。所以农历的节日很多都与月相对应得很好，比如每年的八月十五、正月十五几乎是月圆之夜，大年三十则一定是无月夜，而二十四节气则与太阳的位置相吻合，夏至时太阳一定在最高点，春分和秋分一定是昼夜平分。不过，阴阳历计算起来有一定的难度。

3

天文台之旅

"咦？"寒星忽然想起了什么，"这么说起来，春节这几天，月亮应该都是月牙的样子呀？"

"对，不过到初七之后，月亮就渐渐变大了。"妈妈对寒星的问题有些不解。

"就是说，这几天的月光对星空影响不大啦？"寒星说着两眼放光。

"对，只要天气晴好……是挺不错的观星条件！"妈妈一下子猜中了寒星的打算。

"太好了！"寒星跳了起来，"爸爸，我们去看星星吧！叫上小李叔叔，再叫上王东！他还没正经看过星星呢！"

爸爸想了一下，说："行，就这么定！这几天的天气都还不错，就是有点儿冷。这次我带你们去天文台看看。"

"我不怕冷！"影月赶紧说。

"冷都怕你们这两个兴奋的小家伙了！"妈妈在一旁半是责备半是疼爱地念叨着，"这次我们做好户外保暖防护，会比上次玩得更好。"

"诶，我得强调下，这次不能光玩，还得去学习。天文台可是一个专业的研究机构，也是专业天文学生实习的地方，还有一些资深的天文爱好者在那里参与专业天文观测，一切听命令行事，能做到吗？"爸爸故意板起脸说。

"能！我去和王东说……"寒星边说边一溜烟地跑出了门。

4

再次启程

大年初三，是一个晴朗透明的好天气。城市里的人们还沉浸在浓郁的过年气氛中，而寒星一家、好朋友王东，还有摄影师小李叔叔则早早地就出城了。这次的目的地比上次要远不少，那是一个以夜天文光学观测为主的专业天文台，也是寒星爸爸以前工作过的地方。他们先是开车上了高速公路，然后钻山洞、翻山梁，再弯弯曲曲地行进，足足开了两个小时的车，经过了一个又一个村庄，才在一座山脚下停下来。

"天文台在哪儿呢？"寒星往山尖上看，却什么也没有看见。

"我看你们谁能最先发现天文台？"爸爸乐呵呵地说。

车子上了盘山路，海拔也随之上升，山下的村庄还有过年炮竹的味道。可过了一会儿，村庄就被甩到了脚下，周围的景象换成了一小块一小块的玉米地。又爬升了一会儿，人烟早已不见，路边是树叶凋落的青杨，还有暗绿色的油松，再后来是枯叶挂在枝头的蒙古栎。

"我们要爬升到多高呀？"寒星问。

"天文台的海拔是 1500 米，虽然以世界天文台的标准看来并不算高，但在城市周边找到这样的地方也不容易了。"爸爸说。

车子翻过一道山梁，几棵孤零零的白桦树在阳光下显得纤细而柔弱，树皮银白闪亮。

"看！天文台！"影月率先发现了目标，却有些犹豫，"那是天文台吗？"

山梁之后，远处还有更高的一个山梁，梁上有一排白色的建筑，建筑造型奇特，有几个圆形的，还有一个似乎是圆柱形的，另外一个呈现出类似三角形的外观。

"没错，天文台快到了！"爸爸说。

"那些怪怪的屋子里放着的就是望远镜吗？"影月问。

"对，那些屋顶就是望远镜的圆顶。"爸爸说。

"可不都是圆的呀？"寒星好奇起来。

"虽然叫圆顶，形状那可是千奇百怪。最早的圆顶确实是圆的，为的是方便望远镜指向各个位置，但后来人们发现，其他形状的圆顶也有各自的优势，比如一些小型望远镜就可以放进方形的小屋子里，当然，天花板是可以拉开的。有些圆顶，为了考虑内部的气流稳定问题，就设计成别的形状，比如圆柱形。还有些望远镜的光学结构比较特殊，圆顶形状也就跟着变得不规则了。"

车子又开了二十多分钟，抵达了天文台，那些远远看上去颇为迷你的小圆顶，都变成了一座座庞然大物。坐落于深山中的天文台远离了城市的喧嚣，不但空气干净透明，而且非常安静。太阳还没落山，风吹落叶，枝头鸟鸣，真是让人心情舒畅。

"我带你们参观一下这几台望远镜的外景好不好？"爸爸问。

"好是好，可是我们为什么不能看里面？"寒星问。

"哈哈，我来过这里好几次，都没看过里面。"小李叔叔笑着说，"这样的好天气，观测人员正在紧张地准备晚上的观测工作。我们呀，还是不要去打扰他们的工作啦。"

5

天文台之夜

天色渐渐暗了下来，圆顶的天窗打开，里面的望远镜开始轻柔地转动，这是每天观测的必需步骤，在夜晚正式开始拍摄之前，利用日落后的天光进行仪器测试，并拍摄一些矫正用的照片。

在专业的天文台里参观访问，会有很多有意思的"规矩"：晚上开车上山，在接近天文台时会被要求关闭远光灯，而进入天文台之后甚至只允许使用车辆的轮廓灯，这对司机来说真是个考验；进入房间后不能开灯，要先将遮光窗帘拉上之后才能开灯，而出门时，也需要先关灯再开门，这样可以减少山上用光对望远镜工作的干扰；走夜路时，只允许手机屏幕光向地面照明，如果是月夜出行，那干脆就不用灯光照路了；天文台绝对禁止吸烟，因为烟的颗粒物会加重对光的散射作用，使已有的光源危害加大……这些要求都是针对灯光限制来制定的。望远镜接收星光极其微弱，哪怕一丁点儿的光也会对观测产生影响。

在天文台工作的员工也有自己的一套作息方式：负责观测的员工，一般都是昼伏夜出，每天傍晚起床吃早饭，并多打一份"午餐"——"午夜餐"，然后早上再吃晚餐，之后才能休息；在观测前需要调试仪器，拍摄校准照片，在观测后需要做相同的工作，也需要拍摄校准照片后将仪器复位；漫漫长夜，与他们相伴的一般是驻站的天文学家，这些天文学家负责确定当晚使用什么样的仪器配置来观测哪些天体，用什么参数进行观测，然后，驻站天文学家会跟着观测人员一起熬夜，随时根据情况调整观测策略。

为什么一个天文台会有好几台望远镜？

这主要有两个原因，一个原因就是不同望远镜的"特长"不同，比如有的望远镜适合拍摄图像，从而找到天体的更多细节或者发现新的天体；而有的望远镜则适合测量恒星的亮度，可以知道天体有没有变亮或变暗；还有的望远镜适合辨别恒星的颜色，从而知道天体由哪些元素组成，温度如何……总之，不同望远镜就如同不同学科的专家，各有各的研究领域。另一个原因就是望远镜的观测时间很抢手。　台望远镜建设好之后，全世界相关领域的研究者都会来申请使用它，于是就会按照一定的优先级别来分配时间，如果申请人数太多，时间就不够用了。当然，一些老望远镜超期服役，新望远镜又建设完毕，也会造成一个天文台望远镜比较多的现象。

6

三星正南

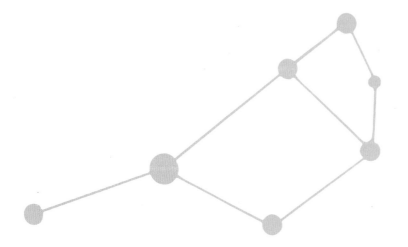

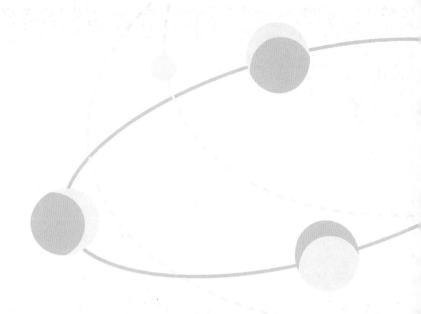

天色完全暗了下来，圆顶中的大型望远镜开始工作。小李叔叔也架设起他的摄影用望远镜，开始了他的拍摄。这下，只剩下寒星一家带着王东在一处空旷之地仰头看星星了。

此时的猎户座在南方天空中，正所谓"三星正南，家家过年"。这是一年中阖家团圆的日子，也是一年中星空最为华丽的季节。

　　"王东，你快看，那就是金牛座的昴星团，在我家楼下找它可费劲了！"寒星拉着王东，用手指着天空。

　　"昴星团这么亮啊！"王东轻声惊叹着。他曾用他自己的望远镜找昴星团找了好久呢。

　　"不光能看见昴星团，还能看见仙女座大星系呢。你看那边……"寒星又往西北方向指去，却什么也没找到，"咦？怎么不见了？"

　　"现在的仙女座都快落山了，哪儿去找仙女座大星系呀。"妈妈在一旁笑着说。

"算了，咱们还是看猎户座吧！"寒星有点儿不好意思。

"猎户座最美了！三星是腰带，还有红色的星、蓝色的星，还有星云！"影月也加入了进来。

"那个红色的星可不简单，它叫参宿四，是一颗红超巨星，也就是进入到晚年时期的超大质量恒星。"爸爸说，"说不定哪天，它就爆炸喽。"

"啊，那地球会毁灭吗？"寒星一下子紧张起来。

"当然不会，它离地球远着呢！"爸爸说。

"但一定会超级亮吧？"

"说不定还会产生黑洞呢！"

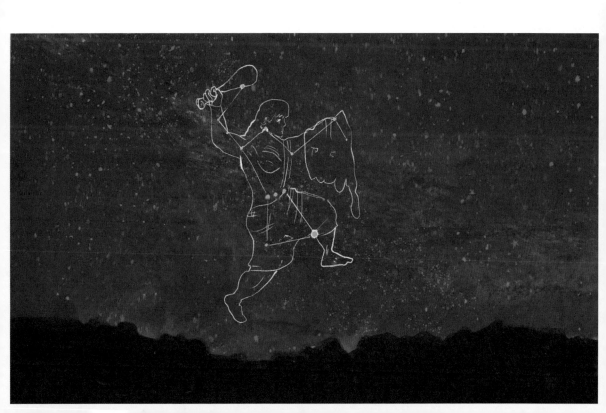

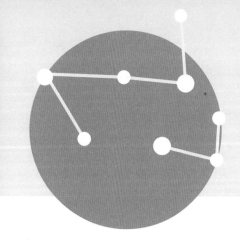

　　三个孩子叽叽喳喳地议论着，不远处，一座圆顶里的望远镜似乎也在悄悄地对着猎户座的参宿四，监测着它的变化。

　　忽然，一颗流星滑落，影月惊呼了一声。呼声未落，又一颗流星划过。

　　大家一下子来了兴致，却不料两颗流星滑过之后，天空却安静了下来。

　　"应该是双子座流星雨的尾巴。"爸爸说，"可惜那会儿你们在准备期末考试，不然就带你们出来看啦。"

　　"啊？双子座流星雨什么时候出现的呀？"

　　"12月中。"

　　"那完了，期末考试无穷尽也。"

　　"不过，还有别的流星雨值得期待。每年 8 月中，英仙座流星雨也很漂亮，它和双子座流星雨都属于北半球三大流星雨。"爸爸说。

　　"那还有一个呢？"

　　"象限仪座流星雨，1 月初出现。"

"哎，也过了。"影月显得有些沮丧。

"那狮子座流星雨呢？据说很棒？"王东忽然说。

"狮子座流星雨有周期变化，平时很惨淡，每隔三十多年或六十多年会出现极大。极大时每小时会有好几千颗流星划过天空，那真是壮观又漂亮！"妈妈在一旁解释道。

"那上一次狮子座流星雨爆发是什么时候啊？"寒星问道。

"2001 年，我们都还在上大学呢。"妈妈笑了。

"真让人羡慕啊！"

"羡慕死啦！"

"哈哈，要等十多年，到二零三几年才行吗？"影月边说边掰着手指头算起来。

"不一定哦，也可能要等到二零六几年……"

"那时候……我在做什么呢？"寒星忽然冒出一句。

"哥哥，你会变厉害的哟！"影月孩子气鼓劲儿的话，让大家忍不住笑起来。

东边天空中，勺子状的北斗七星升起来了，旁边就是雄伟的狮子座。眼看冬天就快过去，春天即将到来。星空在头顶上方周而复始地运转着。星空下，孩子们欢快的笑声给原本沉寂的天文台带去了一丝快活。

补充注释

① **道布森式望远镜** 一种利用简单经纬仪承托的天文望远镜，最早由美国天文学家约翰·道布森于 20 世纪 50 年代设计制作而成。成本低，结构简单，方便携带。P37

② **卡西尼环缝** 法国天文学家卡西尼 1675 年观测土星光环时发现，光环中间有一条黑暗的缝隙，将光环分为内外两部分，后来天文学家将这条缝隙称作卡西尼环缝。P40

③ **星官** 中国古代星座系统中将若干恒星划为一组，称作星官。后来历朝历代沿用的系统中，将全天除南极天区外的区域划分为 283 个星官。P52

④ **ISO** 相机中的感光度设置，数值提高一倍，图像亮度也相应提高一倍。P61

⑤ **CCD** 英文全称为 Charge-Coupled Device，电荷耦合器件。能将光子转换成的电荷累积在器件内，最终获得图像信息。20 世纪 70 年代起广泛应用于天文观测。P63

⑥ **CMOS** 英文全称为 Complementary Metal-Oxide-Semiconductor，互补金属氧化物半导体。一种成本较低的半导体图像传感器，常用于摄像机和数码相机，现今也出现了用于天文观测使用的 CMOS。P70

⑦ **波特尔** 美国业余天文学家，2001 年在《天空与望远镜》杂志上发表了波特尔暗夜分类法，将夜空的黑暗程度分为 9 个等级，地球上能看到的最黑的夜空为 1 级，繁华城市中心的夜空为 9 级。P87

⑧ **大爆炸宇宙学理论** 一种观测证据最多、最获公认的现代宇宙理论，认为我们的宇宙始于一个极其热、极其致密的点，经过暴胀之后，在随后的大约 137 亿年时间里不断膨胀，最终形成了如今我们所知的仍在膨胀的宇宙。P113

图书在版编目（CIP）数据

仰望天空的少年. 去天文台看星星 / 王燕平, 张超
著；陈日红绘. -- 北京：北京科学技术出版社，
2025. 3
　ISBN 978-7-5714-3602-5

　I. ①仰… II. ①王… ②张… ③陈… III. ①天文学
—少儿读物 IV. ①P1-49

中国国家版本馆 CIP 数据核字 (2024) 第 025262 号

策划编辑：郑先子
责任编辑：郑宇芳
责任校对：贾　荣
封面设计：陈　慧
图文制作：陈　慧
营销编辑：赵倩倩
责任印制：吕　越
出 版 人：曾庆宇
出版发行：北京科学技术出版社
社　　址：北京西直门南大街 16 号
邮政编码：100035
电　　话：0086-10-66135495（总编室）
　　　　　0086-10-66113227（发行部）
网　　址：www.bkydw.cn
印　　刷：北京顶佳世纪印刷有限公司
开　　本：700 mm X 1000 mm 1/16
字　　数：100 千字
印　　张：9.75
版　　次：2025 年 3 月第 1 版
印　　次：2025 年 3 月第 1 次印刷
ISBN 978-7-5714-3602-5

定　　价：48.00 元

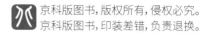